学生安全教育漫画书

游戏安全

学生安全教育编委会/编著

北方妇女儿童出版社

长春

图书在版编目（CIP）数据

　　游戏安全 / 学生安全教育编委会编著. -- 长春：
北方妇女儿童出版社，2015.1（2024.4重印）
　　（学生安全教育漫画书）
　　ISBN 978-7-5385-8920-7

　　Ⅰ.①游… Ⅱ.①学… Ⅲ.①安全教育—儿童
读物 Ⅳ.①X956-49

　　中国版本图书馆CIP数据核字(2014)第297040号

游戏安全

YOUXI ANQUAN

出 版 人	师晓晖
责任编辑	曲长军
开　　本	787mm×1092mm　1/16
印　　张	8
字　　数	100千字
版　　次	2015年1月第1版
印　　次	2024年4月第13次印刷
印　　刷	三河市南阳印刷有限公司
出　　版	北方妇女儿童出版社
发　　行	北方妇女儿童出版社
地　　址	长春市福祉大路5788号
电　　话	总编办：0431-81629600　　发行科：0431-81629633
定　　价	36.00元

前言

明朝著名教育家朱伯庐曾在《朱子家训》中写道："宜未雨而绸缪，勿临渴而掘井。"意思是，凡事要提前做好准备，不要等到下雨时，再来修补漏雨的屋顶；也不要等到口渴时，再去挖井取水。这句话形象地指出了"事前预防"的重要性。

随着社会的进步，人们的生活越来越便利：居有房，行有车；水电气暖一应俱全，飞机高铁高效快捷……可随之而来的安全问题却越来越不容忽视。动车出轨、高层住宅大火、校园踩踏事件、学生食物中毒、幼儿高楼坠亡……种类繁多、层出不穷的事故无不考验着人们的神经，震颤着人们的心灵！

　　无可否认，这些事故的发生是偶然的，但如果做好安全预防，事故造成的损失会大大减少，甚至根本不会有事故的发生！少儿自理能力不强，自我保护能力偏弱，家长一旦看护不周，就有可能造成永远无法弥补的遗憾。普及少儿安全常识，已成为迫在眉睫的头等大事。

　　本套丛书从交通、校园、生活、消防、游戏五方面入手，以生动翔实的事例，活泼易懂的语言，对少年儿童可能遇到的危险进行逼真的情景再现，让小读者们如同身临其境，不知不觉间掌握安全常识及自救方法。希望能帮助家长更好地实施安全教育，对孩子的健康成长有所助益。

目录

目录

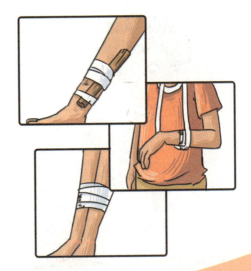

目录

目录

马小虎

十岁小男孩，是个淘气包，活泼好动，总是有着奇思妙想。

马大虎

马小虎的爸爸，建筑工程师，博学，极富爱心。

露露

十岁小女孩，马小虎的同学、好友，文静腼腆，爱幻想。

乐乐

十岁小男孩，马小虎的同学、好友，聪明稳重，思维敏捷。

天热，中暑怎么办

炎炎夏日，一不小心就会中暑，如果遇到这种情况，要怎么处理呢？

太阳炽烤着大地，马小虎和露露、乐乐相约去海滩玩。乐乐、露露戴上帽子、擦上了防晒霜，做好了一切防晒准备。马小虎嘲笑他们真麻烦，顶着烈日拿着游泳圈便玩耍去了。不久后，马小虎的脸色变得苍白，有气无力，难受地躺在了沙滩上。乐乐和露露吓坏了，只听有人大喊道："不好，他这是中暑了！"

1.转移到通风、阴凉的地方

发现有中暑迹象后，应马上转移到凉快通风的地方，敞开衣襟，让体内温度得到散发，喝些含盐的凉开水，好好休息一下。

2.冷水敷

用冷水敷头部、颈部、腋窝、臂弯等处，降低体温。

3.服用药物

服下人丹、藿香正气丸或十滴水等药物，效果很好。

4.及时送往医院

如果中暑的人出现了全身痉挛、神志不清、昏迷等现象，应立即送至医院抢救。

安全提示 夏季外出游玩时，应戴上太阳帽、涂点防晒霜，还要多喝水，备点人丹、十滴水、藿香正气丸等防暑药物。

耳朵进水怎么办

有水跑进耳朵了，该怎么把它弄出来呢？

　　下午，马小虎跟着爸爸马大虎去游泳馆学游泳，马小虎很快掌握了游泳技巧，收获很多，很是开心。不过，回到家，马小虎总感觉自己的耳朵里呼呼作响，像是有什么东西在耳道滚来滚去。他拿纸掏了掏耳朵，纸被打湿了，爸爸见了，说道："肯定是耳朵进水了。"

1.吸水法

把头偏向进水耳朵的一侧，用手掌压紧这只耳朵，屏住呼吸，快速将手拿开，如此反复数次，水就吸出来了。或者用棉签轻轻伸入外耳道进行吸水。

2.跳空法

把头偏向进水耳朵的一侧，然后单腿跳几次，水会自耳内流出。

3.及时去医院就诊

水流出来后，耳朵依然有疼痛感，则应及时去医院诊断。

安全提示 去游泳时，可提前戴上耳塞，或用毛巾及时擦干头发上的水，以免水流进耳朵。

游泳注意事项

小朋友在夏天的时候都喜欢游泳，不过为了自身的安全，可不要长时间泡在水里哦。

暑假里，马小虎骑着自行车带乐乐去乡下外婆家游玩。回家的路上，两人都已大汗淋漓。"乐乐，看，那里有个湖！""哇，湖水还挺清澈的，我们跳下去游泳吧。"两人不由分说，扑通两声便下了水。一连游了几个小时，马小虎禁不住打起寒战来，手臂上还起了鸡皮疙瘩。

1.不在陌生的水域游泳

陌生水域环境复杂，尤其是一些天然的湖、大坝，其中水的深浅不熟悉，下水易发生意外，最好选择游泳馆。

2.不要长时间在水里

游泳时间过长，散热过多，容易打寒战，从而引发感冒。

3.游泳后不要长时间暴晒

长时间暴晒会长斑，严重者甚至引发急性皮炎。可以擦点防晒霜，上岸后在阴凉处休息。

 安全提示 游泳前最好做些准备活动，有利于更好地适应水下环境，防止水下抽筋。

水田里捉泥鳅提防蚂蟥

可恶的蚂蟥，一旦贴在你的腿上，甩也甩不掉，这可如何是好？

夏季里的一个周末，马小虎、乐乐和露露来到水田间捉泥鳅。泥鳅最爱躲在泥巴里，为了捉到更多的泥鳅，他们将泥巴慢慢翻转过来，因此在一个地方要待上好几分钟。"啊，什么在咬我！"突然，正在挖泥巴的乐乐发现一只像蚯蚓样的虫子紧贴在他的大腿上。乐乐使劲去拽，却怎么也拽不掉，疼得哇哇大哭起来。

1.不要强行拉拽

被蚂蟥叮咬住，不要用力去拽，你越拽它的吸盘吸得越紧，一旦拉断它的躯干，吸盘却留在了伤口内，反而加重病情。

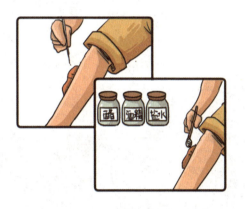

2.对蚂蟥的头部下手

可用手拍打或用针刺激它的头部，还可以用棉球蘸点醋、酒精或盐水，放到蚂蟥的头部，它便会自动滚落。

3.及时处理伤口

蚂蟥脱落后，用盐水洗净伤口，然后用纱布包扎起来，并及时去医院注射破伤风抗毒素。

4.及时就医

要是以上方法救治后，伤口仍出现疼痛、流血不止或溃烂等症状，应尽快去医院就诊。

安全提示 下水田前，在身上涂抹点风油精或清凉油，可有效防止蚂蟥的靠近。

意外落水如何自救

要是不小心掉入水里，要怎样才能脱离危险呢？

　　周末，马小虎和乐乐还有露露去公园游玩，他们坐上了公园里的船只。坐在船只上，马小虎兴奋极了，靠在船沿边，一边用手不断在水面上拍打着，一边唱着歌儿。"小虎，你这样很危险！"乐乐刚出口阻止马小虎，突然，船只猛地歪了一下，扑通一声，马小虎跌落到了水里。

1.对于会游泳者落入水里

首先应想尽办法脱掉身上的衣服，因为衣服灌满水后，身体会变得很沉重，不利于游泳。此外，还要看看附近有无漂浮物，并大声呼救，以获得他人的帮助。

2.对于不会游泳者掉入水里

首先要保持冷静，并马上闭气，挣扎时依靠头部露出水面的机会尽快换气，再屏气，如此反复，以免憋死。此外，尽可能地呼救，找到能发出求救信号的物品，如哨子、旗帜等，及时发出求救信号。

安全提示 外出游玩乘坐船只，应当有家长陪伴，乘坐船只时，安静地坐在船中间，动来动去则极易落水。

蹦蹦床不一定安全

蹦蹦床是一种充气玩具，看似安全，其实有很多细节存在安全隐患。

乐乐、露露和马小虎来到公园里玩蹦蹦床。他们肆无忌惮地弹跳着，完全没看到蹦蹦床中央裸露出来的一个弹簧钩子。"乐乐，让开一下，我要翻跟斗了！"说完，马小虎便将头倒了下去。"啊！"突然，马小虎疼得大叫起来，原来他的头正好被那个弹簧给钩住了。

1.做好检查

在玩蹦床之前，应检查蹦床的减震装置是否完整，柔软的床网与其他的架子、钩子和弹簧是否包裹严实，以防碰伤。

2.不要做危险动作

跳的时候，切勿做摔倒、翻跟头等危险动作，极易碰到钩子或被其他蹦跳的小朋友踩到。

3.无保护网则坚决不能玩

蹦床周围要是没保护网，则一定不要玩。

安全提示 玩蹦床的人如果太多，则应耐心等待，人少了再去玩。

玩具枪不要随便玩

玩具枪的子弹很坚硬，如果被射中了会很危险，所以玩的时候一定要小心。

　　"马小虎，快来看，我爸爸给我买了两把玩具枪哦！"乐乐摇晃着手里的玩具枪兴奋地叫道。"哇，好酷啊！"马小虎拿着乐乐的玩具枪，爱不释手。"哈哈，走，咱们来对打吧。"乐乐说道。于是，两人学着电视里"警匪对打"的样子，你打我躲，玩得不亦乐乎。突然，嘭的一声，乐乐的子弹打中了路过的露露的手臂。

1.不要对准人开枪

玩具枪的子弹不长眼睛，要是打中了人，极易受伤。

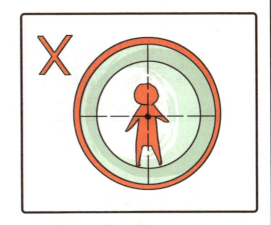

2.玩玩具枪时不要打闹

多人一起玩玩具枪时，切勿争抢打闹，以免在混乱中伤到自己或小伙伴。

3.及时就医

被玩具枪的子弹打中，一定不要去碰伤处，应立即告诉家长，然后去医院及时就诊。

●安全提示● 玩玩具枪时最好选择柔软的子弹，即使是柔软的子弹也不要轻易开枪，以免伤到他人。

打火机惹的祸

拿打火机玩耍，一不小心就会引发火灾，这么恐怖，还要玩吗？

乐乐的爸妈都出去了，于是叫马小虎去他家玩游戏。马小虎把爸爸新买的打火机带去了乐乐家。"哈哈，你看，我爸爸的打火机好玩吧，按下有火，再按下火灭！"马小虎玩着打火机，跟乐乐玩得开心极了，

丝毫没注意打火机已经点燃了一片纸屑，小小火苗烧到了沙发的布垫子上。"好像有股烧焦的味道。"马小虎吸了吸鼻子，"不好，着火了！"

1.不要玩打火机

打火机极易引燃物品，甚至引发火灾，所以，不要随便玩打火机。

2.扑灭火苗

只是引发了一点点小火苗，也应赶紧用盆装水将火苗扑灭。

3.及时报警

当火势较旺时，切勿自己扑火，应立即离开，并尽快拨打火警电话119。

◆安全提示◆ 当引发了火灾一定要保持镇定，不要在火灾房里逗留，不要为了带上家里的贵重物品，耽误最佳逃离时间。

不要把小狗当玩具

小狗也是有脾气的，被惹怒了，会攻击人。

"哇，好漂亮的流浪狗啊！"露露、马小虎在小区楼下的花园里看到了一只全身白色绒毛的小狗。"咱们来逗逗它。"马小虎说完，便在地上捡起一根棍子戳戳它的屁股，又戳了戳它的小腿。小狗"汪汪"地叫着，慌乱地跳着，马小虎和露露看得开心极了。突然，小狗一个转身咬住了露露的小腿。"呜呜……"

1.不要挑逗小狗

小狗的牙齿、爪子都很锋利，一不小心就会被咬被抓，切勿轻易挑逗小狗。

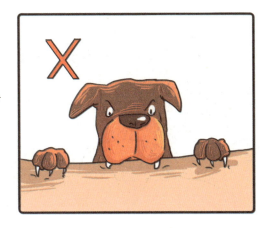

2.远离流浪狗

流浪狗身上可能带有细菌，小孩子极易感染，所以尽量远离流浪狗。

3.打狂犬疫苗

一旦被小狗咬伤，先用自来水冲洗伤口，再用肥皂清洗后，尽快去医院接种狂犬疫苗。

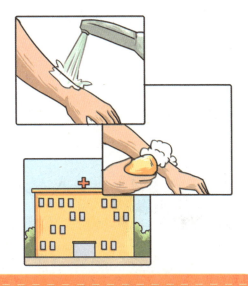

安全提示 不要轻易去惹动物，尤其是可怜的流浪狗和流浪猫。

虫子钻进我的耳朵了

小虫子到处乱飞，一不小心钻到了小朋友们的耳朵里，该怎么处理呢？

马小虎和乐乐在小区的草坪上抓萤火虫，突然，乐乐感觉耳朵里好像飞进了什么东西，不仅有声音，而且还在动。乐乐使劲地摇头，想要把它摇出来，却无济于事。乐乐着急地直跺脚，捡起地上一根木条，就要去掏自己的耳朵。马小虎急忙阻止："千万别掏！小虫子会越钻越深的。"

1.不要随便掏耳朵

虫子钻进耳朵，切勿用细木条、手指、棉花棒去掏，否则虫子在耳朵里乱爬，极易伤害耳膜。

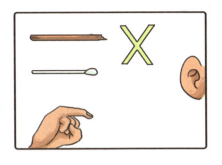

2.巧用光源

昆虫喜欢有光的地方，用手电筒往耳朵里照，虫子会朝着亮光飞出来。

3.使用食用油

往耳道内滴几滴干净的食用油，将虫脚粘住，虫子动弹不了。数分钟后，将头往下偏，虫子便顺着油一块流出来了。

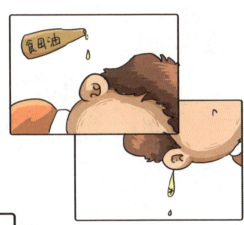

4.及时就诊

要是虫子钻得太深，以上方法均无效时，应立即去医院就医。

安全提示 夏天虫子特别多，户外玩耍时，可提前在身上涂抹风油精，以防止昆虫的靠近。

29

走廊里跳皮筋儿有危险

课间人来人往，在走廊里跳皮筋儿很容易撞到过路人，伤人伤己，应格外小心。

"露露，你真厉害，一连跳到第三级了，皮筋儿都快调到我的腋窝高了。""哈哈，这级我也能跳过去。"说完，露露往前助跑了一阵，然后快速起跳，没想到腿没够着皮筋儿，却将套着皮筋的乐乐给踢倒，然后双双朝栏杆撞去。

1.不要在走廊里跳皮筋

学校走廊狭窄人多，而且栏杆也只有一米高，跳皮筋时不仅会撞到他人，还会因为跳得太高甩出栏杆。应选择宽敞人少的地方。

2.跳皮筋儿应量力而行

跳皮筋跳得太高，极易摔伤，没有把握时，请勿随意尝试。

3.受伤及时就医

跳皮筋儿摔伤撞伤，应及时去医院就诊。

安全提示 跳皮筋儿时应穿休闲简单点的服装，以免绕住皮筋儿导致摔倒。

捉迷藏不是哪里都可以藏

　　捉迷藏很好玩，不过，为了让别人找不着，躲到了不该躲的地方，那可是很危险的哦。

　　"你们快藏好，就要来找你们了哦。"露露闭上眼睛大喊道。马小虎一时慌了神，不知藏哪里好。咦，那边有个墙缝。墙缝很窄，马小虎费了九牛二虎之力才钻进去，躲在那里一动不敢动。过了一会儿，露露还没找到他。马小虎正准备抽身离开时，却怎么也出不来了。

1.狭窄的墙缝不要藏进去

狭窄的墙缝虽然隐蔽，但是一旦将自己的身体用力塞进去，想要抽出来可就非常麻烦。

2.密闭的空间不要躲进去

密闭的空间，空气不流通，躲得久了，容易导致呼吸困难，进而有生命危险。

3.不要一直躲藏

当在一个地方躲藏时间过长后，应主动走出来，不要一直躲藏下去。

4.遇到危险立即呼救

在躲藏的地方遇到危险后，应马上大声呼救，以此获得帮助。

安全提示 捉迷藏要选择场所，不要在高速公路、游乐场、河堤等地玩。

雷雨天气不宜钓鱼

外出钓鱼前应先看天气预报，遇到雷雨天气钓鱼会很危险。

期中考试考完了，马小虎的爸爸带马小虎去钓鱼，放松心情。才钓了半个小时，马小虎就钓到了3条大草鱼，因此，钓鱼的兴致更高了。可是，天公不作美，整个天空突然暗了下来，紧接着"轰隆隆"，电闪雷鸣。"小虎，快，咱回家了！"爸爸催促着小虎，小虎依依不舍地抽出钓鱼线，一道闪电突然打在了他身边，小虎吓得一动不敢动。

1.岸上湿滑会摔倒

雨天，岸上湿滑，钓到鱼时，一激动，极易滑到水里。

2.注意防电

雷雨天气，闪电具有高压，极易被电到。可将手中钓鱼竿及金属物件扔掉，并马上关闭手机。

3.选择合适的地方躲雨

不要去大树下躲雨，可选择有宽大金属构架或防雷设施的建筑物，双腿并拢蹲在地上躲雨。

安全提示 雷雨天气不要在户外逗留，天空阴沉时，则应马上去到安全的地方。

飞镖不要轻易"飞"

飞镖不长眼睛，玩的时候一定要注意安全，以免伤害到别人。

课间时，马小虎将靶子用图钉挂在了教室的墙上，手握飞镖耍起酷来。"嘿，看我，小李飞刀来了！"马小虎在原地旋转360度后，快速将手中的飞镖扔向了靶子，完全没看到露露正从靶子旁经过。千钧一发时，乐乐将露露拉向了一边，总算躲过了飞镖……

1.选择合适的场所

飞镖尖锐，被射中极易受伤，射到眼睛甚至会造成失明，所以，应选择人少的地方玩。

2.不要耍酷做危险动作

旋转360度或是跳起来扔飞镖，飞镖的方向不可确定，会对周边的人造成伤害。

3.检查伤势

被飞镖击中，应及时检查伤势，用酒精或盐水消毒清洗伤口。

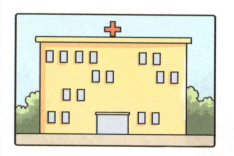

4.及时就医

受伤严重者，应及时去医院救治。

安全提示 为避免伤到他人，飞镖应尽量选择那种柔软型的。

不要用椅子玩跷跷板

有些小朋友常将椅子当跷跷板玩，不过，玩的时候一定要注意安全，以免发生意外。

"小虎，快来看，我把两张长椅子搭在一起，可以玩跷跷板呢。"乐乐招手将马小虎叫了过来。"那还等什么，咱们现在就玩吧。"话音刚落，马小虎快速跳上了跷跷板的一端，乐乐也紧随其后。"哈哈，好好玩哦！"乐乐开心地叫起来，突然，搭在上面的椅子一个打滑，两人齐齐摔了下去。

1.玩跷跷板时选择专业的跷跷板

用椅子搭成的跷跷板没有把手，也没有脚踏的地方，危险系数高，应选择专业的跷跷板玩。

2.选择合适的姿势

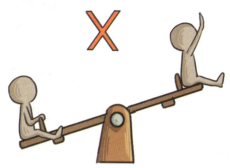

两个小朋友玩跷跷板时，最好两人相对而坐，切勿背对背坐。玩的过程中，小朋友应双手紧握把手，双脚放在专门蹬踏的位置。

3.不要打扰别人玩跷跷板

当有人在玩跷跷板的时候，应保持一定的距离。切勿站到跷跷板的横梁中间，或爬向正在上下翘起的跷跷板上。

4.受伤及时就医

玩跷跷板受伤严重，应及时去医院就诊。

安全提示 玩跷跷板的时候，最好两头的小朋友的重量差不多，一头太重，极易造成另一头摔伤。

注射器不是玩具

小朋友们常常拿着注射器扮演医生的角色玩过家家，这种行为很危险，一定不能随便玩。

乐乐和小伙伴们在玩过家家，他最爱扮演医生了。他举着从路边捡来的注射器，开始给"病人"打针。"啊，我好怕，乐乐'医生'可以先打马小虎吗？"露露吓得缩成了一团。"不不，乐乐'医生'我病得没露露严重，给她先打吧。"马小虎也很害怕。乐乐却发火了："你俩再这样，这过家家都没法玩了，哼！"

1.注射器很危险

注射器的针很尖锐，不懂正确使用会对他人造成伤害；而使用一些废旧的注射器则更危险，针头上有很多细菌，扎到身上容易感染。

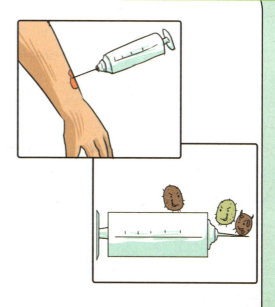

2.及时消毒

一旦发现被注射器扎伤，应立即告诉父母，进行消毒、包扎。

3.感染后及时去医院就诊

一旦发现有感染现象，应及时去医院诊断。

安全提示 不要将注射器当作喷水枪来玩，强大的压力会把针头飞出，易伤到自己或他人。

风筝挂在了高压线上

放风筝不仅要选择安全合适的地方，奔跑时还要格外小心。

"哇，飞起来了！真好看！"露露看着乐乐和马小虎飞奔在田野里将风筝放飞，兴奋地大叫着。可是，才没玩多久，天就暗沉了下来，一副要下雨的样子。"快要下雨了，把风筝收回来吧。"马小虎用力一扯，风筝竟然挂在了高压电线杆上。怎么办？去取吗？"不行，会被电到！"乐乐一把拉住了马小虎……

1.选择空旷的地方

放风筝应去空旷平坦的地方，不要选择公路和铁路的周围以及高压线多或电线杆多的地方。

2.风筝挂在高压线上、树上、房顶上等，不要冒险去取

当风筝挂住高压电线，不要去拉扯，应尽快松手并离开，报给专业人员。当风筝落在了高树和房顶上，不要冒险去够取，以免发生意外。

3.注意天气变化

放风筝应选择天气晴朗的时候。如果一旦遇到打雷、闪电发生时，应收拾好尽快回家。

> **安全提示**　风筝不要放太低，要不然很容易撞伤他人。

放鞭炮时灼伤了手怎么办

放鞭炮时极易被鞭炮灼伤，遇到这种情况，应该怎么办呢？

除夕之夜，马小虎和乐乐约好一起在院子里放鞭炮。马小虎熟练地将爸爸给他的鞭炮点燃，紧接着烟火四起，声音爆响。"哇，好厉害啊。小虎，你也给我一个，我来点燃。"乐乐开心地叫了起来。马小虎又将一个一模一样的鞭炮交给了乐乐。乐乐靠近去点燃，一时没来得及走开，在烟花升腾起来的时候，乐乐疼得大叫："啊，我的手好痛，我被灼伤了！"

1.当皮肤被灼伤但依旧完整时

当灼伤处的皮肤较为完整，可将灼伤处放到水龙头下冲洗大概10分钟，进行降温。然后，用生理盐水清洗灼伤处，再擦点烧伤药膏。

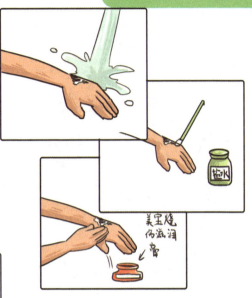

2.当皮肤已经被烧坏

用一块干净的垫子覆盖在灼伤处的上面，进行保护，然后去医院就诊。切勿在灼伤处涂抹酱油、草木灰或红汞、紫药水等药物。

3.及时就医

当灼伤面积大且伤势严重时，应及时送到医院就诊。

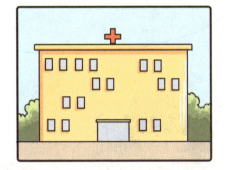

安全提示 小孩子放鞭炮时，应该有大人陪同，点燃鞭炮时，一定要马上离开燃放地。

荡秋千也要注意安全

荡秋千的时候一定要注意安全，以免发生意外。

"乐乐再帮我推高一点，荡得这么低不好玩！"露露坐在秋千上对乐乐说道。"好啊，那你坐稳了！"说完，乐乐开始用力推去。"哇，好高啊，好好玩啊！"露露兴奋地大叫，说完，还站了起来，"看，我还可以站起来荡哦！"乐乐继续用力推着，结果，露露一个没站稳，便被甩了出去。

1.荡秋千不要荡太高

秋千荡得太高，会变得很不稳，人坐在上面失去平衡，容易掉下来。

2.不要站着或跪着荡秋千

荡秋千时应当坐在秋千上，不要站或跪在秋千上荡。玩秋千时一定要双手握紧秋千。

3.不要在秋千附近乱窜

有人在玩秋千时，在秋千附近乱窜，很容易被荡过来的秋千和人撞倒。

4.按秩序玩秋千，不要两个人挤在一个秋千上

几个小朋友一起玩秋千时，应按秩序来，切不可两个人挤在一个秋千上荡，秋千会承受不住而断裂发生意外。

安全提示 荡秋千前，应检查秋千各锁链是否断裂，检查安全后再坐上去；荡完秋千后，应等秋千完全停止再下来。

溜冰有风险

溜冰时极易发生撞击和摔倒，一定要提前做好防范措施。

马小虎的生日到了，乐乐和露露相约一起去玩。他们吃完饭后，准备去溜冰场溜冰。乐乐可是溜冰老手了，他在溜冰场一会儿旋转360度大转身，一会儿一个跳跃，帅气极了。马小虎见了，也跟着学起来，结果"啪"的一声，他转到一半的时候，失去平衡，直接撞在了滑冰场的一堵墙上，差点门牙都撞没了。

1.提前做好保护措施

在溜冰前，戴好护膝、护肘、护腕、头盔等物品，身上的手机、小刀、钥匙等硬物应提前拿出来。

2.不要打闹、做花样动作

溜冰时不要打闹，不要相互推搡，避免彼此相撞，也不要滑太快或者逞强做高难度花样动作，以免受伤。

3.巧妙躲避撞击

在将要和人发生冲撞时，不要用摔倒的方式来躲避，应避免正面冲撞，保护好胸部跟头部，必要时通过伸手来缓冲撞击。

●**安全提示**▶ 滑行中如果感觉鞋子不太合适，则应停下来进行调整，直到合适为止，不要嫌麻烦。

玩轮滑要小心

轮滑有趣好玩，不过，要做好防护措施，才能真正享受穿轮滑鞋滑行的快乐。

马小虎穿着爸爸马大虎新买的轮滑鞋跟着爸爸去逛商场。来回快速地穿梭在人流中，背手前行、背身旋转180度或从高处高高跃下，马小虎玩得好不痛快。到了一个斜坡，马小虎想尝试一种新的玩法——先滑上斜坡，再一个飞速旋转，滑下斜坡。"砰"的一声，马小虎在飞速旋转的时候失去平衡，重重地摔了一跤……

1.选好场地

玩轮滑应选择人少车少的地方，如小区的人行道上，切勿在马路、街上滑行。

2.做好安全措施

穿轮滑鞋滑行前，应穿上全套保护装置，戴上头盔、护胸、膝垫及肘垫，不要轻易取下来。

3.掌握技巧，不要做高难度动作

无把握的时候，切勿做危险动作，一旦身体失去平衡，极易摔倒。

4.检查自己的伤势

玩轮滑时摔倒应及时检查伤势，如有骨折等较严重的现象，则应去医院就医。

安全提示 玩轮滑时，家长应做好监护工作，小朋友技术不到位，不要做危险动作。

爬到高处要当心

爬高易摔倒，一定要谨慎小心。

露露、乐乐和马小虎在公园里看到了一棵苍天大树。"要是能爬到它的顶端玩耍嬉戏，肯定爽极了。"马小虎不禁遐想起来。"我们爬上去吧！"乐乐话还没说完，露露和马小虎已经开始爬了。过了一会，他俩在树上蹦跳着等乐乐，露露一只脚差点踏空，险些掉了下去，露露吓得再也不敢往上爬了。

1.不要攀高

攀高很危险，一旦失足或手没抓牢，便会跌下去。

2.在树上不要蹦跳

树枝较细，人踩在上面，不一定承受得住压力，人容易从树上掉下来，更不能在树枝上蹦跳，失去平衡，就会跌落。

3.摔伤及时去医院

小朋友的骨骼很脆弱，切勿从高处往下跳。一旦摔伤，应及时通知父母，并送往医院就诊。

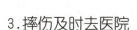 **安全提示** 爬高没有专业保护措施，切勿进行。

呜呜……不小心磕掉一颗牙

跑得太快，摔了一跤，磕掉了一颗牙，应该如何应对？

　　周末，露露、乐乐和马小虎等人约好在公园里玩老鹰捉小鸡的游戏。轮到马小虎当老鹰了，一群小朋友在乐乐的保护下躲避着马小虎的抓捕。"嘿嘿，快来抓我们呀！"后面的小朋友得意地叫着。"我就不信抓不到你们，哼！"他铆足了劲儿，猛跑了一下，不料脚下一歪摔了下去，磕到了旁边的一块石头上，满口是血。"呜呜……我的牙没了！"

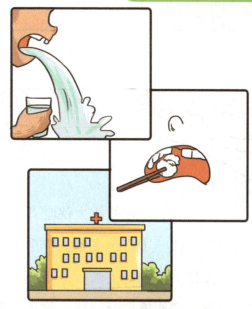

1.快速止血

用洗净的手指将口中的血块清除掉，然后用凉水漱口，确保口腔干净无污物。如果牙齿断处血流不止，则应在伤口处塞点药棉，并立即去医院就诊。

2.清洗磕掉的牙齿

找到磕掉了的牙齿，用清水洗净，然后让它自然风干。切勿用清洁剂或毛巾擦洗磕掉的牙齿。

3.牙齿再植

将牙齿放入生理盐水或牛奶中去医院就诊，征询医生意见，是否需要做牙齿再植手术。

牛奶或盐水

安全提示 牙齿被磕掉后，太凉、太热、太酸的食物都不要吃。

误吞游戏币，怎么办

小朋友误吞了硬币、游戏币，该怎么处理呢？

电视里正在播放大侠吃花生米的镜头，只见大侠一边将花生米往空中抛，一边张嘴去接掉下来的花生米。马小虎看着看着来了兴趣，竟然模仿起这位大侠来。不过，他找不到花生米，便用5毛钱的硬币代替。马小虎没想到的是，这枚硬币竟然被他吞进了肚子里。他吓得不知道怎么办才好。

1.暂留观察

硬币如果未进入气管的话，是会通过大便排出的，所以，可以先观察硬币有没有随大便排出，并看是否有腹痛、腹胀、呕吐、停止排便的现象。

2.多吃水果蔬菜

吞下硬币，可以多吃点香蕉、韭菜等蔬菜水果，促进排便。

3.及时就诊

如果2-3天内，硬币未排出，并出现了腹痛、腹胀、呕吐的现象，则应及时去医院就医。

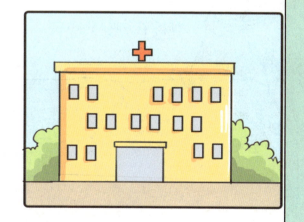

安全提示 小朋友平时多看积极健康的电视节目，不要盲目模仿电视上的情节。

骨折了怎么办

骨折后非常疼痛，那要怎样才能缓解疼痛呢？

　　植树节那天，老师带领全班同学去植物园种树。休息的时候，马小虎发动大家玩起了"丢手绢"的游戏。轮到乐乐放手绢了，他把手绢放在了露露的身后，露露知道后，立马拿起手绢去追乐乐。乐乐使劲地跑，露露在后面追，一直追到了他们植树的地方。露露一不小心掉进了用来植树的大坑，捂着腿疼得大叫："啊，我的腿动不了，好像骨折了，呜呜……"

1.切勿活动骨折处

骨折后，随意活动受伤部位，会加重伤势。应及时原地平卧，将毯子、大衣等柔软的东西置于受伤处的下面垫着。

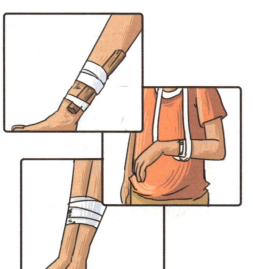

2.固定伤口

骨折后，可用树枝、木棍等来固定住伤口。若为上肢骨折，则可用布条悬吊固定在胸前，若是下肢受伤，则可将两腿捆绑在一起，固定住。

3.快速止血

若有出血，应用布条扎在出血处的上端，然后用干净纱布覆盖伤口。

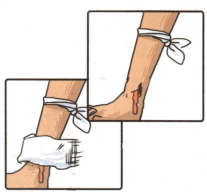

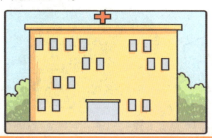

4.及时就诊

紧急处理后，应及时告知家长，并尽快送到医院治疗。

安全提示 骨折治疗期间，不要吃太多肉骨头，否则会导致骨质内无机质增多，阻碍了早期愈合。

掉入下水道不要哭

小朋友走路经常不看路，一不小心掉入下水道，应该怎么处理呢？

"我切，我切切切！"爸爸马大虎手机上的游戏真好玩，马小虎的手指飞快地在手机屏幕上滑动着，根本没注意脚下的路。"喂，小心，那口井的井盖不见了！"路人朝马小虎大叫道，可是，还是晚了一步，只听"嘭"的一声，马小虎掉入了下水道。"呜呜……"

1.保持镇定

掉入下水道要保持镇定，及时打电话告知家长或报警。

2.保护好自己的头部

在下水道里，要保护好自己的头部，避免地面掉下来的石头砸到自己。

3.补充能量，等待救援或自救

当条件允许自己也没受伤时，可试着爬出来。无法自救时，要耐心等待救援，身上有食物的话，最好分时间段吃，千万不要一次吃掉。

安全提示 走在马路上要格外当心，很多下水道没有井盖，也没有任何提示，所以，走路时不要低头玩游戏，多看路，以防意外。

眼睛进沙子了

眼睛是心灵的窗户，可是这扇"窗户"要是蒙上沙子，要该怎么处理呢？

　　马小虎、露露和乐乐相约去海滩玩。"我画了朵花。""我画的是城堡。"他们在沙滩上画各种图案，过了一会画得有些累了，乐乐笑道："我们像打雪仗那样'打沙仗'吧。"于是，大家你丢我我丢你，玩了起来，马小虎抓了把沙子丢向了乐乐，"不好！沙子丢进他的眼睛了。"乐乐揉着眼睛哭了起来。

1.不要揉眼睛

沙子进眼，切勿用手使劲揉。因为揉眼会让本来漂浮在眼球表面的沙土揉到角膜上，伤到角膜，甚至造成感染。

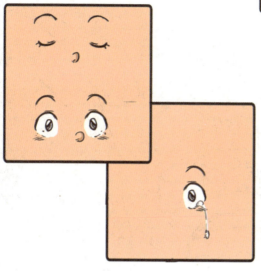

2.正确取出沙子

轻闭上双眼，然后慢慢睁开眼，反复做几次，可将沙子挤出。另外，眼睛被泪水滋润，眨眨眼皮，泪水会把沙子冲到眼角边，再用干净的手帕或手轻轻一抹，就抹掉了沙子。

3.药物治疗

滴点生理盐水或眼药水，将沙子冲出来。

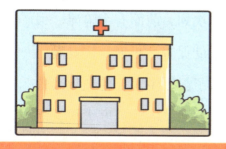

4.及时就医

取出沙子后，眼睛仍有不舒服，则应去医院就诊。

安全提示 小朋友玩沙子时如遇上风沙天气，应保护好眼睛，戴上纱巾或眼镜。

漂流要有技巧

漂流很刺激，不过，没有掌握好技巧，也是很危险的。

"马小虎，快划，前面有个险滩，很陡的坡。"露露催促着马小虎。"好嘞，陡坡险滩最刺激了！"说完，他便划桨快速往陡坡划去。然而，因为速度太快，漂流艇靠近陡坡后，直接从陡坡上翻了下去。露露和马小虎摇摇晃晃从漂流艇上甩了出去，双双撞在了礁石上。

1.过险滩时，要有正确的方法

快到险滩时，不要再划桨加速了，应抓紧安全绳，收回双脚在艇内并拢，身体俯低并往船体中央倾斜。

2.搁浅

石子很多时，艇容易搁浅。这时可将桨抵住石头，使劲让艇身离开搁浅的地方。

3.落水了不要惊慌

不小心落入水中，应保持镇定，穿了救生衣不会有太大问题。

4.翻船后要正确处理

翻船后，把艇身扶正，然后在同伴的帮助下登上艇。一般来说，一侧人员爬上艇时另一侧由同伴压住，掉落的划桨也应及时捡回。

安全提示 漂流之前，应穿好救生衣，戴好头盔，漂流时，不要互相打闹，不去抓水中的漂浮物以及岸上的草木石头。

胸闷气短怎儿办

胸闷气短常引起岔气，而且在运动时发生频率较高，遇到这种情况应该怎么处理呢？

在学校运动场，马小虎和小伙伴们自发举行了5000米长跑比赛。"加油！"未参加的同学都在为马小虎鼓劲加油。眼看还有最后一圈了，他的前面有两个人，只要他加把劲超过他俩就能获得冠军。想到这，马小虎鼓起劲来加速，往终点线冲去。"哎哟——胸腔好痛，不好，呼吸也有点困难！"

1.胸闷气短莫惊慌

胸闷气短引起岔气时，保持镇定，先暂停运动，做深呼吸，然后憋气，握住拳头上下捶打胸腔的左右两侧，然后，继续缓慢地进行深呼吸。

2.求助他人

深吸气后，让他人帮忙握拳上下捶打胸背。

3.缓解疼痛

躺在床上或垫子上来回滚动，也可以缓解胸腔疼痛感。

安全提示 运动前一定要做准备活动，运动中准确做好深呼吸，可防止胸闷气短。

异物钻进了鼻孔

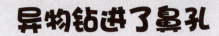

鼻子里钻入了异物，很伤脑筋吧？不过，掌握好方法，还是很简单的。

"乐乐，看我，我可以把桌上的小纸屑吸在鼻子上。"马小虎指了指桌上一堆纸屑，说得很神秘。"哼，我才不信呢。"乐乐撇了撇嘴。"不信，那你看着。"说完，马小虎对着纸屑猛地用力一吸，不好，纸屑直接钻进了鼻孔里。

1.不要随便用手或钳子取异物

不要用手或钳子取异物，否则会将异物推得更深，造成更大的危险。

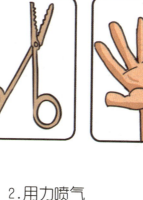

2.用力喷气

用指头按住无异物的鼻孔，使劲往外喷气，多进行几次，便可将异物喷出。

3.吹出异物

对患者的嘴巴轻轻吹气，当吹气的人感到气流遇到阻力时，再猛然使劲吹气，患者鼻中的异物便随着气流被快速吹出鼻孔。

4.告知家长并及时就诊

无法取出异物应告知家长，让家长带去医院取出。

 安全提示 不要往鼻孔里塞弹珠、花生、米粒等，一旦呛进鼻腔里，后果不堪设想。

治疗冻疮有妙招

在北方的冬天，气温很低，贪玩的小孩子却常将手露在外面，一不小心就长冻疮了，这可如何是好呢？

"哈哈，快看，我堆的雪人真漂亮！"露露兴奋地指着自己堆成的雪人，大叫起来。"是挺漂亮的，不过老堆雪人多没意思，咱们来打雪仗吧？"马小虎搓了搓冻红的手建议道。于是，他们拿着雪球，你打我我打你玩得开心极了。到了晚上，马小虎却发现手肿了起来，还奇痒无比。爸爸马大虎看了，说道："你这是要长冻疮了。"

1.用电吹风吹

冻疮才刚刚开始时，每天用电吹风边吹边揉，一连几天就会好转。

2.盐水浸泡

用温盐水浸泡冻伤处，水温27℃～40℃最佳，直到冻伤处的温度恢复到正常体温即可。

3.用专门的药膏

可在冻伤处涂抹伤湿止痛膏、正骨水或冻疮膏等。

4.治疗冻疮误区

不要用冷水或温度过高的热水来浸泡冻伤部位，也不要用火来烤冻伤处。这不仅对治疗冻疮没好处，反而会加重伤势。

安全提示 在冬天外出玩耍时，一定要戴上手套、围巾、耳罩等进行保暖。

不小心扭到腰怎么办

腰扭伤了，疼痛难耐，该怎么办？

"一二三四……哇，露露真厉害，你已经转了好几百圈了。"乐乐看着露露熟练地转着呼啦圈忍不住感叹道。"这有什么？我也会啊。"说完，马小虎不服气地拿过呼啦圈，开始扭腰转起来。马小虎可是男孩子，这是他第一次玩呼啦圈，还真是不太熟练。马小虎用力一扭腰，转了几圈，感觉腰部一阵疼痛……

1.注意休息并及时热敷

一旦扭伤，应立即停止运动，卧床休息，并及时热敷。一般用炒热的盐或沙子包在布袋里，敷在扭伤处，每次半小时，早晚各一次，不过，要小心烫伤皮肤。

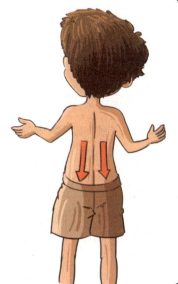

2.适当按摩

扭伤后告诉家长。家长用双手掌在脊柱两侧，自上向下揉压，到臀部处往下按摩至大腿下面、小腿后面的肌肉群，按摩数次后，于最痛的地方用大拇指按摩推揉数次。

3.药物治疗

扭伤处过于疼痛且皮肤没有破损时，可在医生的指导下，喷点云南白药、涂点扶他林乳膏等，或者贴上伤湿止痛膏、跌打损伤膏。

●安全提示● 扭伤后坚持睡硬板床，还可以戴上护腰，不仅保暖，还能限制腰部扭动，减少再次扭伤的机会。

脚扭伤了怎么办

脚如果不小心扭伤了，该怎么办呢？

体育课上，老师让10名男生进行一场篮球试打比赛，乐乐和马小虎都参加了，而且还被分在同一组。比赛开始了，两队为了抢球你追我赶，乐乐终于拿到球，却被对方球员围得紧紧的。"快，传给我！"不远处的马小虎提醒着乐乐。乐乐扬手将球抛向了马小虎，马小虎跳着去接球，落地时踩到一个石子，脚崴了。

1.了解伤势的轻重

脚扭伤后先原地休息，然后活动足踝，根据伤处疼痛程度，来判断伤势轻重。

2.冷敷

若脚疼得不厉害，还能勉强走路，则用冷毛巾敷在伤处，再擦一点红花油。

3.固定伤脚

冷敷后再用弹力绷带扎紧伤处。一般是先在足踝处绕1圈，再绕到足背和脚底，然后再绕回足背，最后在足踝处多绕一圈扎紧，把伤处抬高，缓解疼痛。

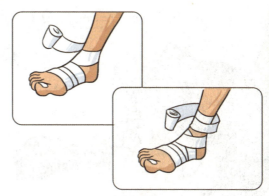

4.医院就医

如果疼得厉害并伴有肿胀现象，则可能扭伤了骨头，应尽快去医院治疗。

安全提示 脚扭伤后，肿胀和疼痛感越来越厉害的时候，不要逞强支撑着站立和走动。

呜呜……踩到钉子了

打赤脚的时候，一定要注意安全，不小心踩到钉子，该怎么处理才好呢？

"一个、两个、三个，哈哈，露露你输了，你才踢了三个……"露露在即将拆迁的破旧房屋的附近和小朋友们玩踢毽子，穿着笨重的凉鞋踢起来一点也不方便，她已经一连输了三局了。"哼，接下来这次，我一定赢你！"说完，露露脱掉了凉鞋，赤脚踢起毽子来，一直踢到了一块木板旁边。突然，露露疼得哇哇大哭起来。原来，她踩到了木板旁边的一个钉子。

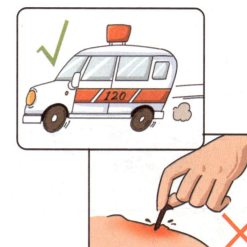

1.马上去医院就诊

一旦被钉子扎到脚，不论扎得深或浅，都应马上去医院。切勿自己动手将钉子拔出，以免发生危险。

2.注射破伤风抗毒素

被钉子扎伤后，去医院注射破伤风抗毒素，以免感染破伤风。

3.不要打赤脚游戏

小朋友玩耍时，不要打赤脚，踩到钉子、石子、碎玻璃等都会受伤。

安全提示 为了安全，小朋友玩耍时尽量不要去建筑工地、破旧房屋附近。

流鼻血了不要怕

玩耍时，小朋友互相碰撞时有发生，如果鼻子被撞得流血了，该怎么办呢？

乐乐、露露和马小虎在小区花园边上玩橡皮泥。大家有说有笑，玩得很开心。"快来看，我捏了个白雪公主呢。"露露正要站起来，头一抬刚好撞在了跑来看"白雪公主"的马小虎的鼻子上。马小虎感觉鼻子热乎乎的，手一摸，大叫起来："啊，我流鼻血了！"

1.先去除血块

鼻子流血，要保持镇定，过度惊慌不利于止血，在止血前，先把鼻子里的血块擦出来。

2.快速止血

将一小块消毒了的湿纱布或棉球，塞进流血的鼻孔，可快速止血。不过，切勿让它们全部滑进鼻腔。

3.冷敷

将浸了冷水的棉花、毛巾、手帕或冰袋敷在鼻梁上或额头上，也有止血的作用。

4.及时就医

如果采用各种方法均无法止血，则应及时去医院就诊。

● 安全提示 ● 流鼻血时，不要用"后仰的姿势"来止血，否则血流到咽喉部，吞入食道和胃肠，会刺激到胃肠黏膜，引起呕吐。

肌肉抽筋了，如何是好

肌肉抽筋多由缺钙引起，而在运动过度或受冷时常会发生，游戏时应多加注意。

体育课上，马小虎和同学们在踢足球，已经踢了半个小时了，双方都没进一个球。队长乐乐有点着急了，"马小虎，再快一点，就可以抢到球了。"马小虎立马加速，没想到刚够着球，对方两位球员便趁势来抢。马小虎刚要晃人带球，突然腿部一阵痉挛，马小虎痛得捂着小腿倒在了地上。

1.小腿抽筋紧急处理

一旦发生小腿抽筋，可立即用手抓住抽筋一侧的脚大拇趾，然后缓缓伸直脚，再使劲伸腿，或用双手用力按摩小腿，反复几次。

2.手抽筋时的紧急处理

把手握成拳头，再使劲张开，然后快速握拳，这样反复几次，可见成效。

3.科学补钙

合理膳食，注意补钙。

安全提示 做剧烈运动前，应做准备活动，有利于舒展肌肉筋骨，避免抽筋。

胳膊脱臼了，怎么办

小朋友玩游戏时，常会出现胳膊脱臼，遇到这种情况，该如何处理呢？

"摔跤游戏开始啦，乐乐对付马小虎。"当裁判的露露有条不紊地安排着。"哈哈，乐乐，放马过来吧！"一说完，乐乐就像箭一样的冲向马小虎，然后紧紧抱住他，和他扭打在一起。"加油！加油！"旁边的小朋友为他们鼓劲加油，突然，乐乐将马小虎的胳膊往后一扯，"哎哟，我的胳膊！"马小虎尖叫起来，"我的胳膊脱臼了……"

1.不要轻易揉

脱臼后会很痛，不要轻易去揉，更不能随意扭动胳膊以使胳膊复原。

2.冷敷

用打湿的帕子或毛巾，放在受伤处进行冷敷，以缓解疼痛感。

3.告诉家长及时去医院复位

脱臼后，应及时告知家长，并尽快去医院接受医生的复位治疗。

 安全提示　在玩游戏的时候，要保护好胳膊，尽量不要玩摔跤、掰手腕等极易引起胳膊脱臼的游戏。

手指扎进了木刺

木刺虽小，刺到手指却很疼，在郊外玩耍时，一定要小心，以免被扎到。

终于到了野炊的地方，马小虎像个小队长似的安排起来："乐乐你去找点石头围临时炉子，露露你去捡点木柴用来生火，我去负责打水！"马小虎一分配完，大家便各自去忙碌了。"啊，好痛啊，手指扎进刺了！"露露突然大叫起来，原来，她在拾木柴的时候，不小心被柴上的毛刺给刺到了。

1. 及时止血和清洁

如果刺伤严重，有大量出血，则最先止血；若只是小伤，则先挤出少量血液用以排出细菌与污物，然后用清水洗伤口，洗净后用清洁的布擦干。

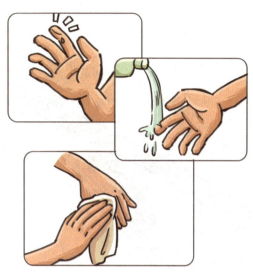

2. 取出刺和异物

用酒精给伤口消毒好，再用灭菌了的针和镊子，把异物取出来，再次消毒后包扎伤口。

3. 及时去医院就诊

要是被针、金属片等刺伤，并有残留物留在体内无法取出，则应去医院就诊，伤口太深，则应用消炎药物治疗。

安全提示 取拿带刺的木头时，可戴上厚厚的手套，防止扎伤。

沉迷电玩眼睛好痛

对于沉迷于电玩的小朋友，有时能一连玩上十几个小时，眼睛会隐隐作痛，那可如何是好呢？

马小虎拿着爸爸的手机目不转睛地玩着游戏，玩得好不痛快。已经一连玩了一整个白天了，晚上关了灯，他还躲在被窝继续玩起来，眼睛又胀又酸。口渴了，他起床去厨房拿水喝的时候，眼前一阵晕眩，眼睛模糊得看不清东西了。

1.不要沉迷于电玩

电玩屏幕非常伤眼睛，过于沉迷电玩会引起眼睛酸痛和近视，因此切勿玩电玩上瘾。

2.适当休息

眼睛盯着手机或电脑屏幕，不宜时间过长，看半个小时应暂停休息，站起来走一走，看下远方。

3.做眼保健操

眼睛出现疲劳和酸痛，可闭上眼睛休息或做眼保健操。

安全提示 玩电玩太久眼睛酸痛时，多喝水，多吃水果，洗个脸能得以缓解。

身体触电了，如何是好

玩耍要选择安全的环境，有电线或高压电的地方应尽量远离。

马小虎和小伙伴们去公园捕捉蝴蝶。"嘿嘿，我一定要抓到你。"一只蝴蝶飞到一堵低矮的围墙上，停了下来。马小虎目不转睛地看着蝴蝶，然后蹑手蹑脚地靠近它，然而刚向前迈了一步，他的眼前便闪过一串耀眼的火花……原来，他的脚下有一根电线，正好被他踩到。

1.切勿用手去拉触电线

当发现有人触电，不要用手去拉扯电线和触电人，否则自己也会触电。

2.快速切断电源

若是附近有电闸，应马上切断。要是因为触碰到断落的电线而触电，则可以用干燥的木头、塑料棍将线拨开。

3.及时处理伤口

切断电源后，触电者很快会恢复神志，这时，立即用盐水擦洗电灼伤处，然后用干净的手巾包扎好。

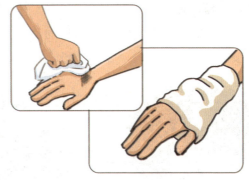

4.及时就诊

一旦触电，立马拨打120，将触电者送至医院治疗。

安全提示 小朋友一定不要去爬电线杆，更不要去摸裸露在外的电线。

眼睛渗入洗衣粉溶液怎么办

眼睛是心灵的窗户，可是，要是渗入洗衣粉溶液，这可如何是好呢？

最近，马小虎、乐乐和露露学会了吹泡泡的玩法。他们将洗衣粉加水调成溶液，然后用个圆形的圈圈吹出了一个个泡泡。"小虎，我的泡泡是有颜色的，漂亮吧？""我的比你的还漂亮！""哪有！哪有！""就有，就有！"露露和马小虎互不让步，对着彼此吹起泡泡来。"啊！"只听露露大叫一声，捂着眼睛蹲了下去。原来，马小虎吹的泡泡正好吹进了露露的眼睛。

1.保持镇定，及时清洗

一旦眼睛渗入洗衣液等不明液体，不要惊慌，及时用清水或纯净水冲洗眼睛。

2.多眨眼睛，多流眼泪

多眨几下眼睛，可以使得残留在眼睛里的洗衣液变为眼屎。多流点眼泪，让残留在眼睛里的洗衣液也跟着缓缓流出来。

3.使用滴眼液

滴几滴滴眼液，润湿眼睛，从而稀释眼睛里残留的洗衣液。

4.及时就医

如果眼睛红肿较为厉害，应去医院就诊，采取药物治疗。

安全提示 眼睛治疗期间，尽量不看电视、手机、电脑，以便早日康复。

头卡住了，如何是好

玩耍钻洞时，头不小心被卡住了，如何处理呢？

"嘿，小虎，快来抓我啊！"乐乐、露露和马小虎等几个小朋友正在玩"警察抓土匪"的游戏。乐乐使劲跑在最前面，马小虎追得筋疲力尽了还是没能抓住乐乐，忍不住有些烦躁。"对，抄近道！"马小虎看到一个较大的洞，立马准备从洞里钻进去。"啊，我的头被卡住了！"头刚用力塞进洞，可是身子钻不过去，马小虎呜呜地哭了起来。

1.及时呼救

一旦头被卡住，不要惊慌，应及时呼救。

2.不要乱动

头被卡住后，挣扎了一下，会有疼痛感，则应立即停止挣扎，以免头部卡得更紧而无法等到救援的到来。

3.保存体力

救援也许不能及时到达，应保存好自己的体力，不要大喊大叫。

安全提示 一些洞、扶梯、栅栏等，看似能钻过去，实则太小，不要随便去钻，卡住了会很危险。

玩健身器材时勿施展特技

小区健身器材用来锻炼身体，却也能玩出很多花样来，不过，在玩的时候一定要注意安全。

周末，马小虎和乐乐在小区玩健身器材。马小虎从小就爱玩单双杠。他在单双杠上表演荡秋千、倒挂金钩，让乐乐看得羡慕极了。紧接着，他又去玩转腰器，双手不扶把手在转盘上快速地转圈，也许是用力过猛，马小虎整个人被甩了出去，所幸只是膝盖擦破了皮。马小虎尴尬地笑笑："不好意思，这次失手了。"

1.检查器材是否安全

小区器材常常缺少维护或无固定螺丝，因此，健身之前应检查器材是否完整、安全。

2.不做危险动作

不要在单双杠上倒挂金钩，使用跑步机时动作幅度不要太大，玩转腰器时不要转太快，双手扶住把手等。

3.受伤及时检查

受伤后，应马上检查伤势，如果严重，则应立即告诉家长，并尽快送去医院就医。

安全提示 健身器材玩得再熟练，也会有失手的时候，所以，切勿盲目逞强施展特技。

不要随便进山洞

山洞充满神秘，能勾起小朋友的好奇心，不过，山洞里也很危险，一定要注意自身安全。

"马小虎，你说的那个藏宝洞怎么还没到？"马小虎和小伙伴们在树林里走了快一个小时了，开始有点不耐烦。"就到了，看，就是前面那个很大很大的洞。"乐乐兴奋地指着不远处被杂草遮住了一大半的石洞。"走，进洞探险去！"他们兴奋地飞奔着进了洞。洞里黑乎乎的，他们手牵着手，走啊走，走了很久很久，却一直走不到尽头……

1.山洞不要轻易进

山洞里有很多虫、蛇，还可能产生对人体有害的气体，因此，小朋友千万不要进山洞"探险"。

2.进洞前做好准备工作

实在想去探险，出发前，携带好照明用具、食物、水、绳索及防护用品等。

3.进洞注意氧气状况

当呼吸不那么顺畅，明显氧气不足时，应尽快原路返回。

4.随时留下路边记号，以免迷路

用一些颜色差异较明显的反光路标做记号，或者对所放置的路标加以标号，按顺序放置，甚至不同的支路放上不同颜色的路标，利于被发现。

●安全提示● 去山洞游玩，最好选择晴朗的天气，而且一定要有家长或老师陪同。

爬山缺氧了怎么办

高山上空气稀薄，氧气含量低，容易导致缺氧而呼吸困难，所以爬山一定要提前做好准备。

节假日，马大虎总算有时间带儿子马小虎出去游玩。他们商定好去爬山，马小虎的兴致非常高，一到山脚下便使劲往上跑，"哈哈，爸爸你没我快！"可是，爬到半山腰，马小虎就感觉晕晕的，过了一会儿，甚至感觉胸口有点闷，他叫住爸爸："爸爸，我有点难受……呼吸……好……困难……"爸爸见他脸色发白，满头是汗，立刻明白马小虎这是缺氧了……

1.爬山前做好准备

轻装上山，少带不必要带的东西，减少负重；穿上平底鞋，带点水果和含糖量高的食物，备点高原反应药。登山前后多喝水、多吃水果。

2.如何正确应对缺氧

爬山途中如果出现了气喘、缺氧等症状，应暂停休息，做十几次深呼吸减少不适感，等呼吸平稳后，再继续前进。情况严重者，应吸氧，吃点抗高原反应药，并尽快下山返回。

安全提示 登山时应采用正确的姿势，上身往前倾，弯腰屈腹，稳步踏地前进，登山途中不宜一次脱太多衣服，以免受冷感冒。

注意植物会"咬"人

在野外树林游玩时，常会被一些小草或树叶割伤，这时该怎么处理呢？

马小虎和小伙伴们去树林里踏青。树林里的草木茂盛，在家里闷坏了的马小虎高兴地奔跑在树林和草丛里，一会扯扯草，一会摸摸花，玩得好不痛快。"啊！这是什么植物，居然会刺人！"突然，马小虎大叫起来，原来他伸手去摸一株植物时，却被刺了，这时，他还发现，自己的手臂上竟然有一条条伤痕，"是刚才过草丛时，被叶子割伤的。"乐乐说。

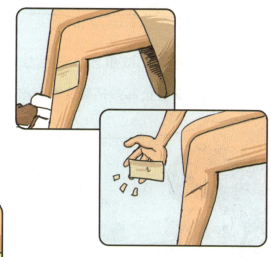

1.取出毛刺

被植物身上的刺刺伤后，将胶带紧贴在刺伤处，然后快速撕下，即可把刺拔出。

2.清洗并涂药

毛刺拔掉后，及时用清水冲洗伤口，再涂点风油精、清凉油止痛。

3.小草"割"伤不要惊慌

被草割伤手臂或小腿，不严重的话，过几天会自动恢复，严重者需去医院就医。

安全提示 在野外玩耍时，尽量穿长衣长裤，此外遇到不认识的植物，也不要随便乱摸。

蚊虫叮咬止痒有妙招

夏天，蚊虫多，一旦被咬则奇痒无比，掌握止痒妙招确实很有必要。

"我们都是木头人，不许说话，不许动……"暑假里，马小虎和小朋友们坐在小区楼下的草坪上玩"木头人"游戏，输了的人要唱一首歌。马小虎五音不全，最怕唱歌了，所以，他准备坚持到最后。游戏时，大家都屏住呼吸，一动不动。突然，马小虎的手臂上被蚊子咬了，一阵瘙痒，他却依然坚持着。最后，他虽然赢了，可是手和脚都被蚊子咬得奇痒无比。

1.不要抓挠

被蚊虫叮咬后，不要抓挠发痒和红肿处，否则会造成继发感染。

2.涂抹药膏

被蚊虫叮咬肿成大而硬的包时，先清洗伤处，再涂点专治蚊虫叮咬的药膏或喷点花露水。

3.肥皂止痒

在被咬部位涂抹一些肥皂，能有效消除瘙痒。

●安全提示● 夏季尽量少在户外玩耍，在蚊虫的叮咬前，可以往身上喷点花露水，用来阻止蚊虫的靠近。

被蛇咬伤了怎么办

在野外玩耍，被可怕的蛇咬了，该怎么处理？

马小虎和小朋友们去郊外野炊。几个人带着食材和锅碗走在草丛里，突然走在最后的乐乐大叫一声，脚下一阵疼痛袭来，瘫坐在了草地上。马小虎回头一看，见草丛中一条蛇溜走了。他连忙跑去检查乐乐的脚踝，果然，上面留有深深的齿痕。"乐乐，你被蛇咬了！""啊！那该怎么办？呜呜……"

1.不要乱跑乱动

一旦被蛇咬伤，切勿惊慌，更不要乱跑，应坐下或者躺下，以免加快毒素的吸收与扩散。

2.防止毒液扩散

被毒蛇咬伤后，应马上用布带在伤处上端5cm处扎紧，以免毒液扩散。不过，为了避免肢体缺血坏死，每隔半个小时左右，要松一下布带。

3.清洗伤口

被毒蛇咬后，可以用高锰酸钾溶液、盐水或凉开水进行冲洗。

4.挤出毒液

挤压伤处，要是有水样毒液渗出来，则可用小刀（先在火上烤一烤）把伤口缓缓割成"十"字形，挤出毒液。

5.及时就医

按以上方法处理后，应尽快送往医院就诊。

安全提示 被蛇咬伤后，如果觉得口渴，切勿喝含酒精的饮料，以免加快毒素的扩散。

被蜜蜂蜇了怎么办

蜜蜂虽小，蜇起人来，却不是一般的疼，要是被蜜蜂蜇伤了，怎样处理能缓解疼痛呢？

春天，老师领着全班同学去花园游玩。花园里，花团锦簇，五颜六色，漂亮极了。小朋友们闻闻这朵，摸摸那朵，"哇，这朵月季花好漂亮！"露露凑近了一朵月季，想看得更清楚，丝毫没注意月季花旁边的蜜蜂，蜜蜂却受到了惊吓，毫不留情地对着露露狠狠一蜇……

1.清洗伤口

一旦被蜜蜂蜇了，应尽快用温水、肥皂水或盐水对伤口进行清洗。要是伤口上留有蜇刺，则需马上拔掉。

2.涂抹药物

清洗后，可以涂抹红花油、绿药膏等，还可以把生姜、大蒜、马齿苋等捣烂、嚼烂涂在蜇伤处。

3.及时就医

被蜇伤后，有头疼、头昏、恶心、呕吐、烦躁、发烧等症状，则应尽快去医院就诊。

◆安全提示◆　不要去招惹蜜蜂，要是不小心捅了马蜂窝，一定要先将自己的头和脸保护起来。

飞盘惹的祸

飞盘"会飞"，撞到人也很疼，玩飞盘的时候，切记注意安全。

马小虎和乐乐在小区的人行道上玩飞盘，一个扔，另外一个负责接住。这时，轮到马小虎扔乐乐接了。马小虎一连扔了好几个，乐乐都一一接住了。"哼，我就不信，你都能接住！"说完，马小虎便使出吃奶的力气，奋力地往乐乐的方向扔去。飞盘来势汹汹，乐乐吓得直接偏头躲过了飞盘，继续前行的飞盘却撞向了正好路过的露露。

1.选择宽阔人少的地方玩

飞盘不好控制，扔出的飞盘，在人多的地方极易撞到其他人，所以应选择一些宽阔且人少的地方玩。

2.扔飞盘别太用力

扔飞盘越用力，具有的伤害性就越大，所以，适当减小力道更安全。

3.受伤后及时就医

一旦被飞盘撞到，及时检查伤势，伤势严重则及时去医院就诊。

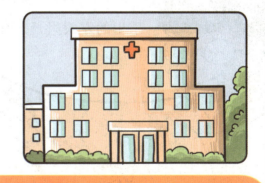

● 安全提示 ● 飞盘应选择柔软的塑料材质更安全。

不要玩树枝

树枝非常尖锐，拿它当剑模仿江湖剑客，不经意就会刺伤对方，所以小朋友们可一定不要玩树枝。

"哈哈，看'剑'！"乐乐捡起地上的树枝当剑冲马小虎挥舞而去。"小意思，本大侠在江湖混怕过谁，放马过来吧，我的'剑'比你的还尖呢！"马小虎扬了扬手里的"树枝"迎了上去。你攻我守，你打我闪，好几个回合后，累得满头是汗，结果谁也没打中谁。马小虎趁乐乐放松之际，猛地用树枝往前一刺，"啊！"刺中了乐乐的左眼附近，血流了出来。

1.不要用树枝打闹

不要模仿电影或电视剧中的情景用树枝来打闹，要不然极易造成伤害，树枝尖锐，一旦刺到眼睛甚至可能引起失明。

2.不要在光线暗的时候进行游戏

光线暗的时候，视线不好，用树枝玩刺到对方的几率增加，更容易造成伤害。

3.树枝伤到及时送往医院

被树枝划伤后，应及时做好清洗、消毒，严重者则应尽快送往医院。

 安全提示　　用尖锐的东西玩闹嬉戏，非常危险，尽可能不要用树枝、刀、竹子等尖锐的东西当玩具。

野外露营

野外露营最重要的是搭帐篷，帐篷搭得不好，还会引起小事故，因此得引起重视。

马小虎和小伙伴们去野外露营，马小虎和乐乐共用一个帐篷。白天，大家都在忙着搭帐篷，马小虎和乐乐却被山间美景所吸引，只顾着拍照留影去了。到了傍晚，他俩才急急忙忙在有滚石的山坡上搭了个帐篷。夜间，乐乐出帐篷上厕所的时候，突然瞥见有一块大石头正从山顶缓缓滚下，"小虎，快躲开，石头滚下来了！"乐乐说着一把将马小虎拖到帐篷外面。

1.选择合适的地方搭帐篷

搭帐篷应远离树木，靠近水源，选择宽阔、平坦无野生动物出没的地方，千万别选择有山体滑坡可能的地方。

2.搭帐篷前做好清洁

搭前清理掉场地上的碎石、锋利的草根、尖树桩等，防止活动时刺破帐篷或绊倒人。

3.正确搭帐篷

帐篷的入口应背风，在篷顶边线正下方挖一条排水沟，帐篷四角用大石头压住。

安全提示 野外露宿睡前应检查所有火苗有没有熄灭，帐篷有没有固定结实。

放孔明灯要小心

放孔明灯是一种许愿方式，然而，不注意燃放细节，则很容易引起火灾。

马小虎和乐乐买了一盏孔明灯准备在小区楼下放飞。乐乐负责把孔明灯举起，马小虎则负责点火。点好后，乐乐和马小虎一起将孔明灯放飞，看着孔明灯缓缓飞起的时候，马小虎和乐乐赶紧闭上眼睛许愿。等他们睁开眼的时候，却看到整个孔明灯挂在了树上，且开始燃烧起来。

1.选择安全的孔明灯

购买孔明灯时，应选择用阻燃材料生产的。

2.放飞孔明灯应选宽阔的地方

孔明灯容易挂在树上、城区楼上、高压线上，引燃易燃物会发生火灾，所以应选择宽阔且无碰挂物的地方进行放飞。

3.发生火灾及时报火警

孔明灯一旦整个燃烧起来，则应马上拨打119来救火。

安全提示 放孔明灯时，切勿用其他燃料代替固体燃料，而且燃料不宜太多。

掉入冰窟不怕

在北方的冬天里，很多小朋友都爱玩滑冰，不过，也时常滑着滑着就掉入冰窟，这该怎么办呢？

寒假，马小虎叫上乐乐和露露去结冰的湖面上滑冰。马小虎的滑冰技术有了很大的进步，他给乐乐和露露表演了冰上旋转180度及跳跃的高难度动作。"再来一次，再来一次！"露露没看过瘾。"没问题！"说完，马小虎便朝湖中央滑去，再次高高跳起，落地时，却听到"咔嚓"一声，冰裂了，他掉入了冰窟里。

1.努力爬上冰面

掉入冰窟时，不要惊慌，要及时呼救并积极自救，努力爬上冰面。要不然，很快便会被冻得浑身无力。

2.用脚踩冰

想尽办法用脚踩冰，让身体保持上浮，头部露出水面。然后，用肘部慢慢地拖着身体往岸边移动。

3.营救者应采取正确的方法

发现有人掉入冰窟，小朋友不要轻易下水营救，可以大声呼救或用绳子、木棍等递给落水者，缓缓把他拖上岸。

安全提示 冬天，小朋友去冰面上玩耍一定要大人陪伴，如果很想滑冰，尽量去溜冰场。

沉迷上网成"鼠标手"

"鼠标手"是一种骨科病，严重者会导致肌肉萎缩，一定要多加注意。

暑假里，马小虎吵着闹着让爸爸买了台电脑。一直以来就爱上网聊天玩游戏的他，在暑假里更是疯狂，几乎每天12小时都泡在网上。一天，他起床后照常去开电脑，突然感觉自己的手臂酸痛，一点力气都没有。一连几天都这样，爸爸带他去看医生，医生告诉他这正是患上了"鼠标手"。

1.充足的休息

"鼠标手"的早期症状为手指和腕关节有疲惫、麻木感,应立即停止使用电脑,休息几天便可慢慢恢复。

2.适时按摩

当长时间用电脑,手有疲劳感时,可适当对手部各关节处进行按摩。

3.严重者及时开刀治疗

当手部出现麻木、疼痛、肿胀,运动不灵活、无力等情况时,应及时去医院治疗,并酌情考虑开刀手术。

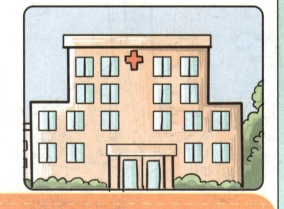

安全提示 为预防"鼠标手",一定不要长时间上网, 此外可以选择一些舒适感较好的鼠标和鼠标垫。

沉迷网络怎么办

网络上骗人信息多，一不小心就会上当受骗，所以，不要轻易相信网络。

"嘟——嘟——"正在玩游戏的露露收到了一个系统消息，她点开图标，弹出对话框，上面写着：亲爱的玩家，恭喜您成为幸运者，您将获得iPhone手机一台，请将您的地址和身份证号码告知，然后将快递费20元充入我们的账号，我们将尽快为你寄出……" "哎，又是这种信息，幸好马小虎早就提醒我了。"露露关掉了对话框。

骗子

1.要有防人之心

千万别把自己和父母的银行卡、信用卡的密码告诉网友，也不要被一些中奖类的消息所迷惑。

2.不跟陌生人聊天

网友要是问到自己的家庭敏感问题，一定不要回答，及时终止聊天或告诉家长。

3.安装杀毒软件

电脑安装杀毒软件，防止病毒和黑客的侵害。不要轻易打开来路不明的邮件和奇怪的标志，以免电脑中毒，套走自己的重要信息。

安全提示 在网络上不要轻易填写详细的个人基本资料，有陌生人的骚扰，应及时告知家长。

安全警示标志牌

必须用防护装置

必须戴护耳器

必须穿防护鞋

必须保持清洁

必须穿救生衣

必须系安全带

必须戴防护帽

必须戴安全帽

必须戴防尘口罩

必须带自救器

必须加锁

必须戴防护眼镜

必须戴防毒面具

必须穿防护服

必须戴供氧设备

注意通风

请洗手

必须戴防护面罩

当心触电

正在检修

紧急出口

避险处

急救点

触摸释放静电

必须戴工作帽

 禁止吸烟
 禁止烟火
 禁止用水灭火
 禁止通行
 禁止单吊环

 禁止攀登
 禁止饮用
 禁止架梯
 禁止入内
 禁止乘人登钩

 禁止吊篮乘人
 禁止跨越
 禁止触摸
 禁止穿带钉鞋
 禁止扒乘矿车

 禁止穿化纤服装
 禁止戴手套
 修理时禁止转动
 禁止跳下
 禁止停留

 禁止停车
 禁止乱动消防器材
 禁止操作有人工作
 禁止乘输送带
 禁止跨越输送带

附录

当心落水　当心水灾　当心突出　当心蒸汽和热水　当心有毒气体中毒

当心电缆　当心绊倒　当心有毒　当心火灾·氧化物　当心滑倒

当心伤手　当心矿车行驶　前方路口注意安全　当心弯道　当心交叉道口

当心列车通过　当心触电　当心拉断　当心泄露　当心碰头

当心落物　必须标准化施工　当心夹手　当心高温表面　当心铁屑伤人

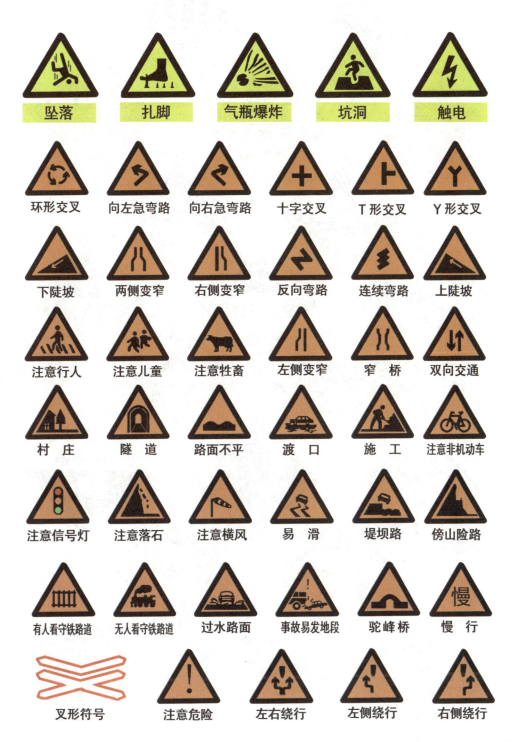

坠落　　扎脚　　气瓶爆炸　　坑洞　　触电

环形交叉　　向左急弯路　　向右急弯路　　十字交叉　　T形交叉　　Y形交叉

下陡坡　　两侧变窄　　右侧变窄　　反向弯路　　连续弯路　　上陡坡

注意行人　　注意儿童　　注意牲畜　　左侧变窄　　窄桥　　双向交通

村庄　　隧道　　路面不平　　渡口　　施工　　注意非机动车

注意信号灯　　注意落石　　注意横风　　易滑　　堤坝路　　傍山险路

有人看守铁路道　　无人看守铁路道　　过水路面　　事故易发地段　　驼峰桥　　慢行

叉形符号　　注意危险　　左右绕行　　左侧绕行　　右侧绕行

附录

常用报警电话号码

报警求助拨打110：电话接通后要按民警的提示讲清报警求助的基本情况，现场的原始状态，有无采取措施，犯罪分子或可疑人员的人数、特点、携带物品和逃跑方向等。打110还要提供报警人的所在位置、姓名和联系方式。

交通事故拨打122：电话接通后要说明事故的发生地点、时间、车型、车牌号码、事故起因、有无发生火灾或爆炸、有无人员伤亡、是否已造成交通堵塞等。还要说出你的姓名、性别、年龄、住址、联系电话。

火警拨打119：电话接通后要准确报出失火地点的详细地址、什么东西着火、火势大小、有没有人被困、有没有发生爆炸或毒气泄漏以及着火的范围等。同时，将自己的姓名、电话号码告诉对方，以便联系。

医疗救护拨打120：电话接通后讲清病人所在的详细地址。说清病人的主要病情，使救护人员能做好救治设施的准备。报告呼救者的姓名及电话号码。准备好随病人带走的药品、衣物等。在等待救护车的过程中如果病人病情有变化，一定要及时向120急救中心说明情况。

游戏安全问答

1.在以下哪些地方滑旱冰或滑板才安全（　）

A. 禁止机动车行驶和停泊的地方

B. 宽敞的马路上

C. 胡同里

D. 人行道上

2.烟花爆竹应该在哪里放，才安全（　）

A. 人多的地方

B. 堆放着易燃物处

C. 空旷处

D. 楼房过道里

3.下面的哪些游戏方式不可取（　）

A. 在操场上和同学一起跳绳、踢球

B. 进行篮球比赛

C. 把楼梯扶手当滑梯

D. 课余时间在教室下棋

4.如果不幸溺水，当有人来救你时，你应该怎样配合别人（　）

A. 紧紧抓住那人的胳膊或腿

B. 身体放松，让救你的人托着你的腰部

C. 用双手抱住对方的身体

D. 胡乱拍打水面

答案：1.A　2.C　3.C　4.B